Oliver Thaßler

Ein Erholungswald in Brandenburg

Beitrag für eine Behandlungsrichtlinie nach § 16 Landeswaldgesetz für das Eberswalder Schwärzetal

GRIN Verlag

Bibliografische Information der Deutschen Nationalbibliothek:

Die Deutsche Bibliothek verzeichnet diese Publikation in der Deutschen National-
bibliografie; detaillierte bibliografische Daten sind im Internet über http://dnb.d-
nb.de/ abrufbar.

Impressum:

Copyright © 2000 GRIN Verlag GmbH
Druck und Bindung: Books on Demand GmbH, Norderstedt Germany
ISBN: 978-3-640-88003-4

Dieses Buch bei GRIN:

http://www.grin.com/de/e-book/169593/ein-erholungswald-in-brandenburg

GRIN - Your knowledge has value

Der GRIN Verlag publiziert seit 1998 wissenschaftliche Arbeiten von Studenten, Hochschullehrern und anderen Akademikern als eBook und gedrucktes Buch. Die Verlagswebsite www.grin.com ist die ideale Plattform zur Veröffentlichung von Hausarbeiten, Abschlussarbeiten, wissenschaftlichen Aufsätzen, Dissertationen und Fachbüchern.

Besuchen Sie uns im Internet:

http://www.grin.com/

http://www.facebook.com/grincom

http://www.twitter.com/grin_com

Oliver Thassler
Forschungsarbeit
FH Eberswalde
Fachbereich Landschaftsnutzung und Naturschutz

Ein Erholungswald in Brandenburg
Beitrag für eine Behandlungsrichtlinie nach § 16 Landeswaldgesetz für das
Eberswalder Schwärzetal

Wintersemester 2000

Inhaltsverzeichnis

Einleitung

Das Eberswalder Schwärzetal wurde 1997 als erste Fläche in Brandenburg zum geschützten Waldgebiet für Erholung nach § 16 des Landeswaldgesetzes erklärt. Aufgrund der besonderen Zielstellung von Erholungswäldern wurde es notwendig, über die weitere Behandlung des Eberswalder Schwärzetals Klarheit zu schaffen. Noch im Dezember 1997 erging vom damaligen Ministerium für Landwirtschaft und Forsten die Forderung nach Erarbeitung einer Behandlungsrichtlinie für das Erholungswaldgebiet, für die nun im Rahmen eines Semesters beim Amt für Forstwirtschaft in Eberswalde ein Beitrag erstellt werden konnte.

Neben konkreten Vorschlägen zur Behandlung des Eberswalder Schwärzetals, enthält vorliegende Arbeit eine Zusammenfassung des Naturrauminventars und soll gleichzeitig durch Herausarbeitung der gesetzlichen und fachlichen Grundlagen für Erholungswaldgebiete als Leitfaden für künftige Gebietsausweisungen dienen.

Durch immer stärker werdende Belastungen für Mensch und Umwelt ist es eine Verpflichtung dieser und nachfolgender Generationen, Freiräume zur Verfügung zu stellen, in denen die Genesung von Körper und Geist erfolgen kann. In dem Sinne kommt den Wäldern auch und insbesondere in der Zukunft eine wichtige Rolle zu.

1.Der Begriff der Erholung

Die Ursprünge des Wortes Erholung ist im 16.Jahrhundert zu suchen, wo aus dem althochdeutschen Wort „holon" (rufen) das mittelhochdeutsche Wort ..holen" entstand. Das mittelhochdeutsche Wort „erholn" kommt dementsprechend aus dem althochdeutschen Wort „inholon". (Meierjürgen, 1994).

Die Erholung als Regeneration verbrauchter körperlicher und geistiger Tätigkeit tritt nach DÜRK (1965) im medizinischen Sinne erst als dritte Phase eines vorher durch Entmüdung und Entspannung gekennzeichneten Prozesses ein. Diese Rückgewinnung an körperlicher und seelischer Kräfte durch Schlaf, Ruhe oder Ausgleichstätigkeit sieht FRIEDRICH (1997) als eine Hauptlebensfunktion unserer Gesellschaft an. Zumindest gilt die Erholung als eine Notwendigkeit für den Menschen, besonders für all jene die in Industriegesellschaften leben (Röhrig, E. u. N. Bartsch, 1992).

2.Der Wald als Erholungsraum

Bei der Bewertung von Landschaften für Erholungszwecke sind viele Faktoren von Bedeutung, wie vertikaler und horizontaler Strukturreichtum, die Abwechslung des Landschaftsbildes, die Infrastruktur des Gebietes, klimatische Verhältnisse und die Entfernung des Erholungssuchenden vom Zielort. Besonders der naturräumlichen Ausstattung kommt eine besondere Rolle zu, weshalb auch KIEMSTEDT (1967) den Waldanteil nach den Gewässern für den wichtigsten Faktor bei der Bewertung einer Landschaft für Erholungszwecke hält. SCHICK (1991) beschreibt den Wald denn auch als das Element, was nach dem Wasser von Erholungssuchenden am meisten geschätzt wird. Eine Kombination von Gewässern und Wald stellt somit auch einen idealen Charakter einer Erholungslandschaft dar, wie sie in Brandenburg zwischen Eberswalde und Spechthausen zu finden ist.

Auch wenn verschiedenste Räume für die Erholung genutzt werden, so sehen viele Menschen den Wald als Erholungsraum. FRIEDRICH (1997) kommt zu dem Ergebnis, dass die Nachfrage von Erholungsflächen wesentlich durch die land – und forst-wirtschaftlichen geprägten Außenräume gedeckt wird. Nach einer Definition der Waldfunktionskartierung (Arbeitsgruppe Landespflege, 1982) dient der Erholungswald der Gesundheit, Freude, Abwechslung und dem Naturgenuss seiner Besucher.

Seine Anziehungskraft soll sich auf drei Voraussetzungen stützen:

-       die gute Erreichbarkeit

-       die besondere Naturausstattung

-       das Vorhandensein von Erholungseinrichtungen

DÜRK (1965) unterscheidet zwischen originären und Derivativen Angeboten, wobei Erstere das Vorhandensein von Erholungsmöglichkeiten beschreiben, die durch natürliche Gegebenheiten bedingt sind und Letztere künstliche Möglichkeiten darstellen. Auffällig ist, dass häufig frequentierte Wälder eine Vielzahl der Derivativen Angebote wie Abfallkörbe, Parkplätze. Wanderwege, Spielplätze, Waldlehr- und Sportpfade aufweisen. Ein für die Erholung optimal funktionsfähiger Wald muss nach Vorstellungen von SCHIMA u. WEISS (1992) planmäßig gestaltet und nachhaltig gepflegt werden. Erholungseinrichtungen wie Grill - und Zeltplätze, Imbissstände, aber auch Spiel - und Sportplätze sollen nach FRIEDRICH (1997) dagegen auf das geringst mögliche Maß beschränkt werden , um nicht die Wälder ihres Charakters zu berauben. Die Erholungswaldgestaltung soll zwar besucherattraktiv, aber naturschonend erfolgen. Diese Attraktivität kann durch die naturräumliche Ausstattung eines Gebietes erreicht werden, so dass „das natürliche Erscheinungsbild selbst einen Erholungseffekt bietet" (Gilbert, 1989). Doch nicht jeder Wald wirkt gleichermaßen auf den Besucher, so sind Urwälder keineswegs besonders Erholung fördernd, erträgt der moderne Mensch Urzustände der Natur, wie es sie in Mitteleuropa kaum noch gibt, nach LEYGRAF (1965) nur über einen kurzen Zeitraum, weil „er sich in der großartigen Eintönigkeit echter Urwälder verloren fühlt". Aber auch naturferne Wälder, wie standortsuntypische Monokulturen sind für die psychische Erholung des Menschen schlecht geeignet (Jacsman, 1971). Für die tieferen Lagen sieht PFISTER (1962) die naturnahen Laubmischwälder als jene an, die den höchsten Naturgenuss bringen. Den abwechslungs- reichen Wäldern kommt ein hoher ästhetischer Reiz zu, aber das ein Nebeneinander von verschiedenen Baumarten nicht automatisch einem idealen Erholungswald entspricht, wurde z.B. durch Untersuchungen der FORSTLICHEN VERSUCHSANSTALT HANN. MÜNDEN (1982) bestätigt, die nicht die Baumartenzusammensetzung, sondern die waldbaulichen Verhältnisse des Waldes als entscheidend ansehen und deshalb auch abwechslungsreiche Nadelwaldbestände im Sinne eines Strukturreichtums vor einschichtigen Laubwäldern für geeigneter halten. Doch das bloße Vorhandensein eines solchen Waldgefüges kann noch nicht den Wert eines Erholungswaldes ausmachen, denn wie schnell kann ein solcher Wald an Reiz verlieren, wenn er mit unzähligen Straßen zersiedelt ist und der Lärm der Fahrzeuge in jeden Winkel dringt?

Es müssen also Voraussetzungen da sein, die die von LEIBUNDGUT (1975) genannten Heilfaktoren (Ruhe, Luftreinheit, Freude, Abwechslung und Ablenkung) unterstützen.

Neben den kleinklimatischen Verhältnissen, den ausgeglichenen Lufttemperaturen, der relativ höheren Luftfeuchtigkeit, durch die den Lärm mindernde Vegetation und die Begegnung der naturnahen Umgebung sieht GUIARD (1998) die Bedeutung im Wald, weil dieser als Kontrasterlebnis zur städtischen Umwelt empfunden wird.

Die Möglichkeit einer ungezwungenen Bewegung, die sich oftmals nicht an die künstlich geschaffenen Wege hält, ist eine Grundvoraussetzung für die Erholung, die von RUPPERT (1960) als Freiheit der Bewegung" bezeichnet wurde. Die somatischen Wirkungsträger (Jacsman, 1971) dieser Bewegung sind Farben, Formen und Gerüche. Ihre Ausprägung kommt nach SCHIMA u. WEISS (1992) am Stärksten in einem naturnahen Wald zur Geltung.

2.1 Erholungswaldgebiete als gesellschaftliche Notwendigkeit !?

Die Leistungsfähigkeit des Naturhaushaltes und die Nutzung der Naturgüter zu erhalten sind zwei Grundsätze des Naturschutzes und der Landschaftspflege. Kommt es zu Übernutzungen oder schädigender Einträge sind die Funktionen gestört und erfüllen zudem oftmals nicht mehr den dritten Grundsatz: die Erholungsmöglichkeit, da die Gebiete den gewünschten Kontrast zur Arbeitslandschaft" missen lassen. Es muss also eine Möglichkeit gefunden werden, den Grundsätzen und den mit ihnen verbundenen Funktionen gerecht zu werden. Für die Sicherung und Gestaltung von Erholungswaldgebieten, einschließlich des Waldes muss gesorgt werden (Friedrich, 1997), woraus sich neben der Erhaltung auch die Forderung einer Vermehrung verbirgt, was ELSASSER (1995) in der Tatsache, dass Naherholungs-möglichkeiten in der freien Landschaft von Ballungsgebieten ein knappes Gut sind, begründet sieht. Nicht nur die Verstädterung und die gestiegene Industrialisierung (Jacsman, 1971) treibt eine Steigerung des Erholungsbedürfnis voran, sondern auch der Leistungsdruck einer rationalisierten Industriegesellschaft. Die steigenden Ansprüche der Gesellschaft an den Wald haben nach BRUCKER (1980) zu einer konkurrierenden Nutzung geführt, wobei es nicht ausreicht, dass „es Gruppen oder Personenmehrheiten gibt, die ein Benutzungsinteresse repräsentieren, sondern das Bedürfnis, den Wald in einer bestimmten Art und Weise zu nutzen , muss in der Bevölkerung verbreitet sein und damit das Interesse verkörpern".

Ein Problem sieht LEIBUNDGUT (1975), dass die Erholungsfunktion zwar jedem durch das Betretungs- - und Aufenthaltsrecht offen steht, aber Sozialleistungen des Waldes von der Öffentlichkeit nicht abgegolten werden. So sieht ELSASSER (1995) diese Schutz - und Erholungsleistungen des Waldes als öffentliche Güter, für die einfach die Märkte fehlen. Da in fast allen Bereichen mit hohem Kostenaufwand den Ansprüchen der modernen Leistungsgesellschaft Rechnung getragen wird, kritisiert BRUCKER (1980), dass man in „althergebrachter" Tradition vom Wald erwartet, seine Einrichtungen stünden in der gewohnten Selbstverständlichkeit der Öffentlichkeit zur Verfügung.

Aber gerade die Erholungswaldgebiete gehören zu den Landschaftsteilen, wo aufgrund der Ansammlung infrastruktureller Begebenheiten das Potential der Wertumsetzung besonders hoch ist. LEIBUNDGUT (1975) sah es zumindest für bewiesen an, dass der Wert der Sozialleistung des Waldes vielerorts höher lag als der der materiellen Erträge des Holzverkaufes. Angesichts eines Strukturwandels in der Forstwirtschaft wird die Frage nach der Notwendigkeit von Erholungswaldgebieten auch aus ökonomischer Sicht interessant.

3. Ausweisung des Waldgebietes „Eberswalder Schwärzetal" als geschütztes Waldgebiet für Erholung nach § 16 des Brandenburgischen Landeswaldgesetzes

Auf Grundlage des Waldgesetzes des Landes Brandenburg vom 17. Juni 1991 wurden nach § 16 Abs. 1 durch das Ministerium für Ernährung, Landwirtschaft und Forsten Waldflächen von überörtlicher Bedeutung in den Gemeinden Eberswalde und Spechthausen im Landkreis Barnim zum Erholungswaldgebiet erklärt. Die Verordnung zur Ausweisung des „Eberswalder Schwärzetal" als Erholungswaldgebiet wurde am 16. September 1997 rechtskräftig. Dieser Ausweisung schloss sich die Forderung zur Erarbeitung einer Behandlungsrichtlinie (MELF, 1997) an, für deren Umsetzung im Rahmen der Waldbewirtschaftung das Amt für Forstwirtschaft Eberswalde zuständig sei. Die Ausführung der Maßnahmen obliegt der Lehroberförsterei Eberswalde. Dabei erfolgte die Zielsetzung der Behandlungsrichtlinie in Abstimmung mit der Unteren Naturschutzbehörde, dem Planungsamt der Stadt Eberswalde, dem Amt Biesenthal, dem Naturpark Barnim, dem Forstbotanischen Garten, dem Zoo Eberswalde und der Fachhochschule Eberswalde.

4. Leitbild für die Behandlungsrichtlinie „ Eberswalder Schwärzetal"

Das Erholungswaldgebiet, im Folgenden EWG genannt, liegt im Landschaftsschutzgebiet „Barnimer Heide" und beinhaltet Teile des Naturschutzgebietes „Nonnenfließ- Schwärzetal". Die Gesamtlandschaft ist in den Naturpark Barnim einbezogen. Aufgrund der Sensibilität bestimmter Gebiete ist die naturnahe Waldbewirtschaftung neben der Wahrung von Schutzgebietsbestimmungen ein geeignetes Instrument zur Erhaltung des „Eberswalder Schwärzetal".

Die Behandlung des EWG soll dabei folgende Maßnahmen gewährleisten:

- Biotoppflegende Maßnahmen (Hangquellmoore, natürliche Waldgesellschaften)
- Erhaltung alter, starker Einzelbäume
- Einbringung von autochthonen , seltenen, einheimischen Baum- und Straucharten
- Erweiterung des Kleinbestandsarboretums durch den Forstbotanischen Garten
- Ausbau, Ausschilderung und Gestaltung von Wanderwegen, Verweilplätzen und Sichtschneisen zur gezielten Besucherlenkung
- Gewährleistung der Verkehrssicherungspflicht

Die Maßnahmen orientieren sich dabei an den Vorgaben der Schutzgebietsbestimmungen um negative Auswirkungen für die Biogeozönose zu vermeiden.

5.Gesetzliche Grundlagen

Das Bundesnaturschutzgesetz (BNatSchG) hat in § 1, Absatz 1 die Ziele des Naturschutzes und der Landschaftspflege beschrieben, wonach die Natur und Landschaft im besiedelten und unbesiedelten Bereich so zu schützen, zu pflegen und zu entwickeln ist, dass die Leistungsfähigkeit des Naturhaushaltes als Lebensgrundlagen des Menschen und als Voraussetzung für seine Erholung in Natur und Landschaft nachhaltig gesichert sind.

Im Brandenburgischen Naturschutzgesetz (BbgNatSchG) ist in § 1, Absatz 2; 8 festgelegt, dass die Natur in ihrer Vielfalt, Eigenart und Schönheit auch als Erlebnis- und Erholungsraum für eine naturverträgliche Erholung des Menschen zu sichern ist. Das allgemeine Verständnis für den Gedanken des Naturschutzes und der Landschaftspflege ist zu fördern."

Das Bundeswaldgesetz (BWaldG) sieht unter § 1. Absatz 1 die Erhaltung, Mehrung und ordnungsgemäße Bewirtschaftung des Waldes für die Erholung der Bevölkerung vor, in § 6 zu den Aufgaben und Grundsätze der forstlichen Rahmenplanung wird in Absatz 3 ; 4 darauf verwiesen , dass in Gebieten , wo der Schutz - und Erholungsfunktion besonderes Gewicht zukommt, Wald für diese Funktionen in räumlicher Ausdehnung und Gliederung unter Beachtung wirtschaftlicher Belange ausgewiesen werden sollte.

Geeignete Anlagen und Einrichtungen, insbesondere der erholungsgerechten Freizeitgestaltung sollten vorgesehen werden. Nach § 13 „Erholungswald" kann Wald zu diesem erklärt werden, wenn es das Wohl der Allgemeinheit erfordert und damit Waldflächen zum Zwecke der Erholung zu schützen, pflegen oder zu gestalten sind. Nach dem Brandenburgischen Landeswaldgesetz (LWaldG), § 4 , Absatz 2 soll durch eine nachhaltige Bewirtschaftung die Erholungsfunktion stetig und auf Dauer gewährleistet werden. Erholungswald ist nach § 16 LWaldG, Absatz 3 Wald in Ballungsräumen, in der Nähe von Städten sowie größeren Siedlungen als Teil von Gemeinden zum Zwecke der Erholung besonders zu schützen, zu pflegen und zu gestalten. Wald kann bei Erfüllung dieser Voraussetzung nach § 16, Absatz 1 zum Erholungswald erklärt werden.

Zudem ist im Landesplanungsgesetz (BbgLPIG), §3, Absatz 9 festgelegt, die Brandenburgische Kulturlandschaft in ihrer Funktion als Erholungsraum zu sichern, zu entwickeln und wo nötig wieder herzustellen. Im Raumordnungsgesetz (ROG), § 2, Absatz 6 u. 12 ist die Sicherung und Verbesserung von naturnahen Erholungs- und Feriengebieten festgeschrieben, die den Bedürfnissen der Menschen in Natur und Landschaft sowie Freizeit und Sport durch umweltfreundliche Ausgestaltung Rechnung trägt.

5.1 Voraussetzungen des EWG „Eberswalder Schwärzetals"

Schon im Jahre 1988 wurden durch eine Ratsvorlage (VEUW, Nr. 29 - 54, 88) Flächen des heutigen EWG zur der Erholung und Landeskultur dienenden Parkanlage erklärt. Die Bedeutung des Waldgebietes geht aber schon bis in das Jahr 1795 zurück, wo *David Schickler* begonnen hatte eine Anlage für Erholungssuchende mit Wegen, Brücken und Rastmöglichkeiten zu schaffen (Projekt Tourismus/Brandenburg, 1993). Durch Angrenzung an die Stadt Eberswalde im Norden und der Gemeinde Spechthausen im Südwesten blieb das Waldgebiet bis heute ein beliebtes Naherholungsgebiet. Das Vorhandensein des Eberswalder Tierparks nordwestlich des Waldgebietes und die Nähe zum Forstbotanischen Garten waren zusätzliche Gründe zur Ausweisung des EWG. Damit erfüllt das EWG neben gastronomischen Einrichtungen im Tierpark und Spechthausen die Erfordernisse für Erholungseinrichtungen. Der Kunstverein *Zainhammer Mühle* mit Ausstellungsräumen am Zainhammerteich, sowie zwei Forellenhöfe (Zainhammer und Spechthausen) stellen weitere Angebote dar.

6. Gesetzliche Festlegungen

Die dem EWG zugrunde liegenden gesetzlichen Bestimmungen (Schutzgegenstand, Verbote, zulässige Handlungen, etc.) und daraus resultierenden Gebietsgrenzen sollen im Folgenden dargestellt werden.

6.1 Zur Verordnung zur Ausweisung des Waldgebietes „Eberswalder Schwärzetal" als geschütztes Waldgebiet für Erholung (vom 15.September 1997)

Durch die Konzentration des ökologisch wertvollen Schwärzetals, des Forstbotanischen Gartens und des Tierparks ergibt sich ein überregionaler Erholungswert für das Waldgebiet, welches durch die Erklärung zum EWG zur Erhaltung und Entwicklung des Schwärzetals, sowie der umliegenden Waldbestände dienen soll und durch Pflege und Gestaltung zum Zwecke der Erholung zu entwickeln ist.

6.2 Zur Verordnung über das Naturschutzgebiet Nonnenfließ - Schwärzetal
(vom 12.November 1996)

Das Gebiet ist ein Fließgewässersystem mit einem Biotopverbund im aquatischen, semi - aquatischen und terrestrischen Bereich, der ein naturnahes Biotopgefüge im Randbereichs des Gewässersystems aufweist (Quellen, Quellfluren, Kleingewässer, Weiher, Röhrichte, Hochstaudenfluren, Wiesen und naturnahen Wäldern). Das Fließgewässersystem mit seiner in Nordbrandenburg einmaligen Gewässermorphologie beinhaltet Lebensgemeinschaften und Arten der sommerkühlen, schnell fließenden Bäche und weist zudem ein Bestand vom Aussterben bedrohter und stark gefährdeter Tierarten auf. Die zusätzliche Bedeutung für die wissenschaftliche Forschung und Lehre, sowie nicht zuletzt die Schönheit, Eigenart und strukturelle Vielfalt unterstreichen den Schutzstatus dieses Gebietes.

Durch geeignete Pflege - und Renaturierungsmaßnahmen soll die einheimische Biozönosen in ihren Biotopen erhalten werden, so dass natürliche und naturnahe Lebensgemeinschaften floristischer, wie faunistischer Art gesichert werden können. Neben einer extensiven Nutzung des Grünlandes sollen forstwirtschaftliche Flächen zu naturnahen Waldgesellschaften umgebaut werden. Die natürlichen Wasserverhältnisse sollen erhalten oder wiederhergestellt werden.

6.3 Zur Verordnung über das Landschaftsschutzgebiet „Barnimer Heide" (vom 13. März 1998)

Die Funktionsfähigkeit des Wasserhaushaltes durch naturnahe Entwicklung der Quellen, Stand- und Fließgewässer einschließlich der angrenzenden Uferbereiche und Verlandungszonen ist zu erhalten oder wiederherzustellen. Zudem soll ein naturnah ausgebildetes und strukturiertes Waldökosystem durch Förderung von naturnahen Wäldern, insbesondere der Bruchwälder, der grundwassernahen Niederungswälder, sowie der Buchen- und Kiefern-Traubeneichen - Wälder entwickelt werden.

Gebietstypische Landschaftsteile (Grundmoränen, Talsande und Binnendünen) sollen genauso wie kulturabhängige Biotope und Landschaftselemente (z.B. Feuchtwiesen) erhalten werden. Des Weiteren dient der Schutzzweck der Pufferfunktion für das Naturschutzgebiet „Nonnenfließ- Schwärzetal" und zur Förderung der forstwissenschaftlichen und ökosystemaren Forschung.

Neben der Bewahrung der Schönheit, Eigenart und Vielfalt der durch landschaftsbestimmende Waldgebiete gezeichneten Jungmoränenlandschaft ist die Erhaltung des Gebietes wegen seiner besonderen Bedeutung für die naturnahe Erholung zu erhalten. Die Förderung der touristischen Entwicklung und eine der Landschaft angepasste touristische Erschließung in den Waldgebieten und Gewässerbereichen ist besonders für den Bereich des EWG nach der Verordnung anzustreben.

6.4. Zur Erklärung zum Naturpark „Barnim" (vom 1. September 1998)

Die Bewahrung des gemeinsamen Natur - und Kulturerbes der Länder Brandenburg und Berlin ist Hauptzweck des Naturparks. Die Förderung und Erhaltung der landschaftlichen Schönheit und Eigenart der Wälder, Quellgebiete und anderer miteinander verzahnter Landschaftselemente ist vorrangig.

Die Pflege - und Entwicklung naturraumtypischer ausgebildeter, vielfältiger Lebensräume und die Bewahrung und Entwicklung eines Biotopverbundsystems Berlin-Brandenburg ist ebenso wichtig wie die Förderung der Umweltbildung und Umwelterziehung.

6.5 Konfliktpotential durch die Erholungsfunktion

Das EWG „Eberswalder Schwärzetal" liegt an der nördlichen Grenze des 74.870 ha großen Naturparks „Barnim", dessen Grenze auch die nördlichste Ausdehnung des Landschaftsschutzgebiet „Barnimer Heide" beschreibt, das das EWG vollständig umgibt. Die durch Naturpark und Landschaftsschutzgebiet angeregte Förderung der Umweltbildung und der touristischen Erschließung sind mit Zielsetzungen eines Waldgebietes zur Erholung vereinbar, aber gerade die Gestaltung eines Gebietes zur Erhöhung der infrastrukturellen Begebenheiten steigert den Druck auf sensible Flächen, also den Fließgewässerbereich des Naturschutzgebietes „Nonnenfließ- Schwärzetal". Dieser Tatsache sollte bei der Erarbeitung der Behandlungsrichtlinie deshalb auch ein hoher Stellenwert eingeräumt.

7. Konzeptionelle Zusammenarbeit für Erstellung und Umsetzung der Behandlungsrichtlinie „Eberswalder Schwärzetal"

Die unterschiedlichen auf das EWG zutreffenden Schutzgebietsbestimmungen mit den verantwortlichen Behörden, die zwei zuständigen Verwaltungsbereiche (Amt Biesenthal, Stadt Eberswalde) und das Vorhandensein des Forstbotanischen Gartens, sowie des Tierparks machen eine Abstimmung bei Erarbeitung und Durchführung von Maßnahmen erforderlich. Obwohl bis zur endgültigen Umsetzung noch weitere Informationsflüsse nötig sind, sei trotzdem der Status quo genannt.

7.1 Das Planungsamt der Stadt Eberswalde

Für die Erarbeitung einer Behandlungsrichtlinie stellte das Planungsamt eine aktuelle Biotopkartierung aus dem Jahr 1999 für den von der Stadt verwalteten Bezirk zur Ver-fügung. Landschaftsplan, Flächennutzungsplan und CIR-Luftbilder wurden als Arbeitsmaterialien gestellt. Das Planungsamt der Stadt Eberswalde sieht in den Vorhaben der Lehroberförsterei keine Einwände (FRITSCHE, mündlich 1999) und schließt sich der informationellen Gestaltung an.

7.2 Das Amt Biesenthal

Als Arbeitsmaterial stellte das Amt Biesenthal den Landschafts- und Flächennutzungsplan des Amtes Biesenthal, den Landschaftsrahmenplan des Landkreises Barnim, sowie eine Tourismusanalyse und eine agrarstrukturelle Vorplanung für das Amt Biesenthal- Barnim zur Verfügung. Eine Anhörung und Bürgerbeteiligung der Gemeinde Spechthausen zu Vorhaben der Wegeführung und inhaltlichen Gestaltung dieser durch das Gebiet hält das Amt Biesenthal (BERG, mündlich 1999) für sinnvoll. Eine schriftliche Bitte zur Darstellung der dem Amt Biesenthal wichtigen Inhalte ist ergangen (Thaßler, 1999).

7.3Der Forstbotanische Garten (FBG)

Die verfügbaren Informationen des FBG liegen in Form von digitalisierten Daten über Standortsverhältnisse, Baumarten und Wegenetze vor. Die Rohdaten müssen aber noch quantifiziert werden und in ein brauchbares Kartenformat übertragen werden. Anliegen des FBG ist die Erweiterung des Kleinbestandsarboretums. Hier sollen auf Grundlage einer standortgerechten Baumartenwahl Versuchsanbauten heimischer, aber auch fremdländischer Baumarten unternommen werden. Hintergrund ist die Untersuchung der Effizienz fremd-ländischer Baumarten im Wandel der bestehenden Klimaverhältnisse und der Einfluss der Anbauten auf die heimische Flora und Fauna. Die Demonstration verschiedener Waldbilder und Darstellung natürlicher Waldformationen verschiedener Kontinente (Amerika, Asien, Europa) ist eine vorrangige Zielstellung. Zudem sollen ökologisch wertvolle Bäume aus der Familie der Rosaceae (Wildbirne, Holzapfel, Speierling, Elsbeere, usw.) besonders gefördert werden. Das Kleinbestandsarboretum kann somit künftigen Generationen als Genreservoir zur Verfügung stehen (GÖTZ mündlich, 1999). Nicht zuletzt hat sich der bilaterale Charakter des FBG durch Lehre und Forschung schon heute bewährt.

7.4 Der Zoo Eberswalde

Der Zoo bzw. Tierpark liegt außerhalb des EWG, grenzt aber direkt an dieses und stellt ein Erholungsschwerpunkt dar. Es soll eine Einbindung des Tierparks in den zu erarbeitenden Lehrpfad stattfinden, wobei besonders auf die einheimischen Tierarten eingegangen werden soll, die bei einem Besuch im Tierpark studiert werden könnten. Auch ließen sich Parallelen zur Kontinentdarstellung des FBG ziehen. Hinweise zum FBG und EWG müssen sich auf Tafeln im Tierpark genauso wie Informationsschilder über den Tierpark in FBG und EWG befinden.

7.5 Die Untere Naturschutzbehörde (UNB)

Die UNB gewährte Einsicht in alle Unterlagen, die das betreffende Gebiet als Inhalt behandeln. Nach einer mündlichen Absprache (Kiemann, Pätzhold, Thaßler, 2000) sind folgende Ergebnisse zu nennen:

-   neue Sichtschneisen oder Wege sollen nicht angelegt werden, das vorhandene Wegenetz ist zu nutzen , um den Druck auf das NSG nicht zu erhöhen

-   vernässte und besonders im Winter schwer begehbare Wege sollen nicht künstlich erschlossen gemacht werden (um Zainhammerteich zum Tierpark), aber zumindest an kritischen Stellen wird der Befestigung mit Naturmaterialien wie Holz oder Hack - schnitzeln eine Möglichkeit eingeräumt

-   aktuelle Naturrauminventarisierungen oder Pflege - und Entwicklungspläne für das NSG - Nonnenfliess- Schwärzetal oder umliegende Bereiche existieren nicht, Vorschläge zur Ausweisung von ästhetisch besonderen alten Einzelbäumen als Naturdenkmäler werden derzeit überarbeitet, die UNB unterstützt aber die waldbaulichen Maßnahmen der Lehroberförsterei Eberswalde

-   die Anlegung von Lehrpfaden soll die Bereiche des Schwärze - und Herthafließes so weit wie möglich aussparen, damit ein Besucherdruck auf diese sensiblen Bereiche des EWG ausgeschlossen wird

-   bei der konzeptionellen Gestaltung von Informationstafeln ist seitens der UNB die Darstellung des ökologischen Wertes des Gebietes wichtig, um dadurch ein natur- schonendes Verhalten der Besucher zu erreichen

-   Bänke und Rastmöglichkeiten (Schutzhütten) sollen sich im Schwerpunkt auf die Flächen des LSG beschränken, der Einrichtung von Papierkörben wird abgeraten, an den Eingängen zu den Hauptwegen soll der Besucher in Form von Schildern auf naturverträgliches Verhalten hingewiesen werden

-   die Sichtung von Dias über das Schutzgebiet für spätere Vortragsreihen wird von der UNB unternommen

Die Zusammenarbeit mit den Trägern unterschiedlicher Belange hat sich im Beispiel des EWG Eberswalder Schwärzetals bewährt und muss in Zukunft weiter fortgesetzt werden. Ein Defizit besteht in dem differenten Informations- und Kenntnisstand der über das Gebiet erarbeiteten Daten und Karten. Der Austausch vorhandener Ergebnisse und Aktualisierungen (Verordnungsentwürfe, Gebietsgrenzen) sollte stärker als bisher erfolgen.

8. Naturrauminventar des EWG Eberswalder Schwärzetal
8.1 Topographische Lage und Größe des Gebietes

Das Erholungswaldgebiet liegt 40 km nordöstlich von Berlin und grenzt an den südlichen Rand der Stadt Eberswalde. Die südwestliche Begrenzung des Gebietes stellt die Gemeinde Spechthausen dar, die Bundestrasse 2 zwischen Eberswalde und Spechthausen als östliche Grenze und die Verbindungstrasse zwischen Spechthausen und Eberswalde /Tierpark im Westen umfrieden das Gebiet.

Die geodätischen Grundlagen in Gauß -Krüger- Koordinaten betragen:
nördl. Ausdehnung : H (58 55 600) R(54 18 680)
südl. Ausdehnung   : H (58 53 700) R(54 17 990)
östl. Ausdehnung   : H (58 55 500) R(54 19 680)
westl. Ausdehnung : H (58 54 370) R(54 17 730)

Das Gebiet hat eine Größe von 144, 9 ha und weist absolute NN Höhen zwischen 18,6 m bis 51,5 m auf.

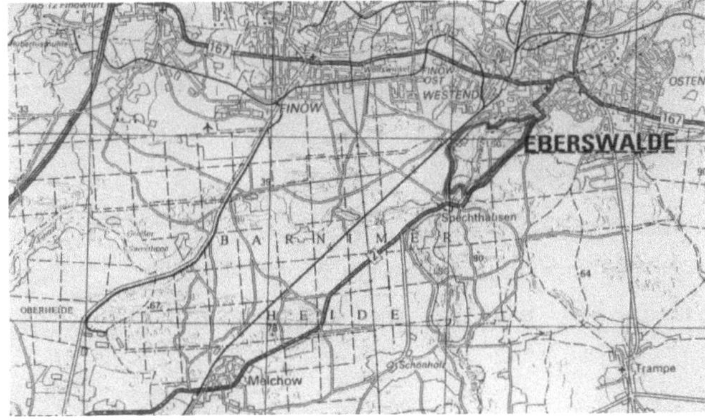

Abbildung 1: Lage des Gebietes / Grenzen (rot), aus: TK 10 / 3148 - SO Eberswalde, Landesvermessungsamt Brandenburg, 1996

8.2 Verwaltungszugehörigkeit

Das EWG ist zwei Verwaltungsbereichen zugehörig. Der nördliche Teil gehört zur amtsfreien Stadt Eberswalde mit entsprechendem Sitz in der Stadt. Der südliche Teil zählt zum Amtsbereich Biesenthal- Barnim mit Sitz in Biesenthal. Alle Teile des EWG Eberswalder Schwärzetal liegen im Landkreis Barnim.

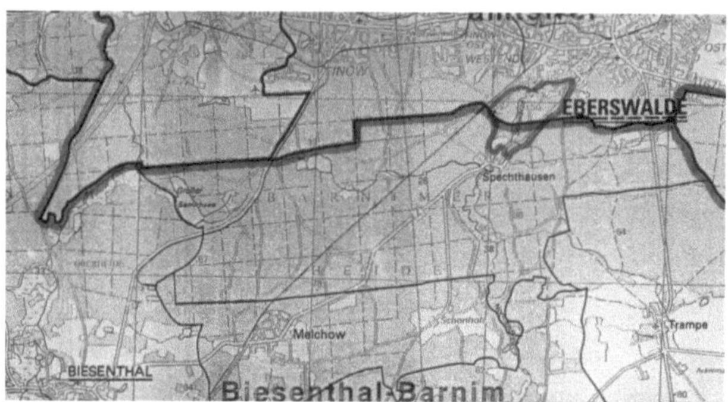

Abbildung 2: Verwaltungsgrenzen (grün) / EWG (rot): aus: TK 10 / 3148 - SO Eberswalde, Landesvermessungsamt Brandenburg, 1996

8.3 Naturräumliche Gliederung

Nach der naturräumlichen Gliederung von SCHOLZ (1962) ist das Eberswalder Schwärzetal Teil der naturräumlichen Großeinheit Ostbrandenburgische Platte (79) mit der naturräumlichen Haupteinheit Barnimplatte (791) im südlichen Bereich, während der nördliche Teil schon zur Großeinheit Mecklenburgische Seenplatte -Südteil (75) mit dem Eberswalder Tal (759) als Haupteinheit gehört. Dieser Großeinheit entspricht auch die des Landschaftsprogramms des Landes Brandenburg (MUNR, 1999) mit der Untergliederung der Seenplatte für das EWG als Nordbrandenburgisches Wald- und Seengebiet (C). Spechthausen liegt zudem im Grenzbereich der kulturräumlichen Einheiten, die das EWG im Norden zur Einheit der Britzer Platte (2) und im Süden zum Eberswalder Tal (4) zählen.

8.4 Geologie

Die Oberflächengestalt des Untersuchungsraumes ist auf die erdgeschichtliche Periode des Quartärs zurückzuführen, wobei die geologische Prägung auf das brandenburgische Stadium der Weichselvereisung (vor ca. 20 000 Jahren) zustande kam. Die Hochfläche des Barnims gehört geomorphologisch zum Jungmoränengebiet des norddeutschen Tieflandes. Die allgemeine Bodengestalt dieser von SCHOLZ (1962) beschriebenen Ostbrandenburgischen Platte ist ein Mosaik von welligen bis flachhügeligen Sand - und Lehmplatten, wo subglaziale Rinnen (Nonnenfließ) die Grundmoräne durchziehen. Die Grundmoränenplatte wird dabei von Dünenfeldern, Flugsand - und Sanderflächen überdeckt.

8.5 Boden

Im EWG befindet sich ein reichhaltiges Mosaik von verschiedenen Standortsformen. Dieses findet sich besonders im Bereich der Fließgewässer, die das Gebiet durchziehen. Hier finden sich mineralische und organische Naßstandorte, während die unvernäßten Standorte im EWG überwiegen. Die Informationen des Datenspeichers Wald (2000) ergeben, die Flächen des Botanischen Gartens ausgenommen, ein Anteil von 76 % für die mittelfrisch, mäßig nährstoffhaltigen, unvernäßten Standorte (M 2). Auch sind mit 15 % die mittelfrisch, ziemlich arm, unvernäßten Standorte (Z 2) mit einem relativ hohen Anteil vertreten. Die mittelfrisch, reichen, unvernäßten Standorte machen 2 % der Flächen aus. Die kräftigen, unvernäßten Standorte ergeben zusammen 7 %. Dagegen werden 1 % den frischen (R 1) und 6 % den mittelfrischen (R 2) Feuchtestufen zugerechnet. Organische Naßstandorte, wie kräftige Brüche (OK 3) sind nach dem DATENSPEICHER mit 1 % vertreten. Ihr Anteil liegt im Gebiet aber höher, da im südwestlichen Teil des EWG noch keine digitalisierten Daten vorliegen.

8.6 Hydrologie

Die Charakteristik des EWG wird maßgeblich durch das Fließgewässer der „Schwärze" geprägt, das dem Schwärzesee entspringt und durch ehemalige Torfstiche geschwärzt wurde. (Landschaftsplan des Amt - Biesenthal, 1997). Es handelt sich dabei um ein Niederungsgewässer mit einer Länge von 12 km von Entstehungsort bis nach Eberswalde. Bei Spechthausen fließt das dem Quellgebiet Tuchen- Klobicke entspringende Nonnenfließ (Schutzwertstufe 1) in die Schwärze, welche die Schutzwertstufe 2 + besitzt, also ein

Fließgewässer mit unterschiedlichen Biotyptypen, die einen hohen Schutzwert mit einer hohen Artenvielfalt und Sensibilität aufweisen. Nach einer hydrologischen und flussbaulichen Konzeption (Landesumweltamt. 1997) wird die Schwärze als ein naturnahes und strukturell nicht beeinträchtigtes Fließ bezeichnet, was aber insbesondere nur den Abschnitt vom Schwärzesee bis Zainhammerteich betrifft. Sowohl Fließverhalten, Gewässerstrukturen als auch Strukturen im Gewässerrandbereich zeigen nach der Studie keine Defizite im Vergleich zum Leitbild eines von Niedermooren begleitenden Flachlandbaches einer jungpleistozänen Landschaft, d.h. der Flächensander der Pommerschen und Angermünder Phase der Weichselvereisung.

Der ökomorphologische Zustand wird wie das der Herthaquelle entspringende Herthafließ der Zustandsstufe 1-2 zugerechnet, also naturnahe, sensible Gewässer. Nach OEHLKE (1993) besitzt die Schwärze einen hohen Sauerstoffgehalt und eine Sommerwassertemperatur nicht über 19 °C. Neben Niederungsbachforellen, dem Vorkommen des Deutschen Edelkrebses sowie Arten wie Bachneunauge, Gründling, Flußmuscheln, Landplanarien, Köcher- und Steinfliegen liegt hier auch die tiergeographische Grenze der Westgroppe, eines kleinen Grundelfisches (Oehlke, 1993).

8.7 Klima

Die makroklimatischen Verhältnisse im EWG weisen ein Jahresdurchschnitt der Lufttemperatur von 8,6 °C auf. Die Monatsmittel der Temperatur schwanken zwischen 0,8 °C im Januar und 18,5 °C im Juli. Im Mai und auch im Juni ist besonders in freien Tallagen mit Spätfrösten zu rechnen. Der Jahresmittelniederschlag liegt bei 560 mm, die Niederschlagsmaxima sind im Mai-Juli, die Minima kehren im Februar wieder.

9. Naturalplanung / Forsteinrichtungsplanung

Durch die vom Amt für Forstwirtschaft Eberswalde existierende Naturalplanung ist ein Instrument zur waldbaulichen Behandlung der Walbestände geschaffen, die den Zeitraum von 1997 - 2006 umfasst und als Grundlage für Waldbaumaßnahmen angesehen werden kann. Maßnahmen wie Schirmschläge und vorgesehene Aushiebe sollen aber exemplarisch dargestellt werden, da sie erhebliche Eingriffe darstellen, die wiederum Grundlage für Neuanpflanzungen, z.B. zur Erweiterung des Kleinbestandsarboretums (FBG) sind.

Die Darstellung der Maßnahmen wird hier nach Abteilung / Unterabteilung / Baumart
/ Alter und Flächengröße (ha) geordnet.

9.1 Aushiebe

```
137  al Gemeine Kiefer ( 200 J.)     = 2
     a3 Gemeine Kiefer (210 J. )      = 1
     a5 Gemeine Birke  ( 37 J.)       = 0,2
     a7 Gemeine Kiefer ( 200 J. )     = 1,26
     a8 Gemeine Kiefer ( 195 J.)      = 0,15
        Gemeine Fichte ( 115 J. )     = 0,5
     a9 Gemeine Kiefer ( 210 J. )     = 2,24
```

Abteilung 137 : Aushieb auf einer Fläche von 7.35 ha


```
139 a6 Gemeine Kiefer ( 148 J. )     = 0,88
    a7 Gemeine Kiefer ( 150 J. )     = 1,95
       Weymouthskiefer ( 150 J. )    = 1,2
```

Abteilung 139 : Aushieb auf einer Fläche von 4,03 ha

```
170 al Gemeine Kiefer  ( 195 J.)     = 0,2
    a2 Gemeine Kiefer  ( 210 J.)     = 1,4
       Gemeine Birke   ( 55 J.)      = 0,1
    a4 Gemeine Kiefer  ( 210 J.)     = 0,35
    a5 Gemeine Kiefer  ( 205 J.)     = 0,9
    a7 Gemeine Kiefer  ( 205 J.)     = 0,58
```

Abteilung 170 : Aushieb auf einer Fläche von 3,53 ha

```
171 a4  Gemeine Kiefer ( 195 J.)     = 3,72
        Rotbuche       ( 165 J.)     = 3,4
```

Abteilung 171 : Aushieb auf einer Fläche von 7,12 ha

```
172 a5 Gemeine Kiefer ( 206 J.)      = 0,31
```

Abteilung 172 : Aushieb auf einer Fläche von 0.31 ha

```
174 a2 Gemeine Kiefer ( 185 J.)      = 1,48
    a4 Gemeine Birke ( 31 J.)        = 0,4
    a5 Gemeine Birke ( 72 J. )       = 0,2
    a8 Gemeine Birke ( 72 J.)        = 0,1
```

Abteilung 174 : Aushieb auf einer Fläche von 2,18 ha
Damit sind im EWG auf einer Gesamtfläche von 24,52 ha Aushiebe geplant.

9.2 Schirmschläge

137 a1 Rotbuche (165 J.)   = 2,2
   a3 Rotbuche (155 J.)   = 0,47

Abteilung 137: Schirmschläge auf einer Fläche von 2,67 ha

170 a1 Rotbuche (155 J.)   = 0,4
   a2 Rotbuche (155 J.)   = 2,07
   a4 Rotbuche (155 J.)   = 0,79
   a5 Rotbuche (175 J.)   = 2,05

Abteilung 170 : Schirmschläge auf einer Fläche von 5,31 ha

172 a3 Rotbuche (195 J.)   = 1
   a5 Rotbuche (175 J.)   = 0,5
   Rotbuche (215 J.)   = 0,27

Abteilung 172 : Schirmschläge auf einer Fläche von 1,77 ha

Damit sind im EWG auf einer Gesamtfläche von 9, 75 ha Schirmschläge vorgesehen.

9.3 Voranbau

Die vom Amt für Forstwirtschaft vorgesehenen Flächen für den Voranbau sind:

137 a3 = 1 ha
174 a2 = 1 ha
174 b2 = 2 ha

Diese 4 ha ständen vorderrangig zur Bepflanzung zur Verfügung, eine Überarbeitung der Naturalplanung von WENDT sieht zudem Voranbau in der 137 a7 und 139 a7, sowie in der 170 a1 / a2 vor.

10. Behandlungsrichtlinie für das EWG „ Eberswalder Schwärzetal"

10.1 Waldaufbau von Erholungswaldgebieten

Verschiedenste Ansprüche der Besucher an Erholungswälder, sowie die unterschiedliche Naturraumausstattung dieser, erschwert es bei der waldbaulichen Gestaltung verbindliche Maßnahmen aufzustellen, die für alle Arten von Erholungswäldern gelten. Allerdings werden von verschiedenen Autoren Grundsätze zur Behandlung von Erholungswäldern genannt.

RÖHRIG und BARTSCH (1992) unterscheiden zwischen größeren Waldgebieten und jenen mit geringerer Flächenausdehnung im Nahbereich von Städten, welche eher dem EWG „Eberswalder Schwärzetal" entsprächen. Baumarten mit hoher Lebensdauer, markanter Gestalt und schöner Laubfärbung sollen den Hauptbestand bilden. Durch Unterbau von niedrig wachsenden Bäumen und Sträuchern können abwechslungsreiche, stufige Bestände geschaffen werden. Die plenterartige Bewirtschaftung wird deshalb für die Gestaltung von Erholungswäldern empfohlen. Nach der Waldfunktionenkartierung (1982) sind großflächige und gleichförmige Bestandeseinheiten bei der Erholung suchenden Bevölkerung nicht geschätzt, weshalb ein Wechsel zwischen Altholz, Stangenholz, Dickung, Kultur und Blößen stattfinden sollte. Ein hoher Anteil an starken Bäumen oder Baumgruppen (z.B. durch Überhälter) wird ebenso wie der Wechsel in den Baumarten (Mischwald) gefordert. Höhere Umtriebszeiten, also mehr Altbestände, werden bei gleichzeitiger „Erziehung" zwei - oder mehrschichtiger Bestände (Unterbau, plenterartige Bewirtschaftung) angestrebt.

Doch auch besondere Aus- und Durchblicke/ Sichtachsen dienen dazu, die Attraktivität von Erholungswäldern zu fördern. Besonderes Augenmerk soll dabei den Waldinnen- und - außenrändern zugute kommen, die als „Aktivzone der Erholung" bezeichnet werden (Arbeitsgruppe Landespflege,1982). Randflächen an Gewässern, Wildäckern und Aussichtsschneisen eignen sich besonders für die Erholungswaldfunktion, die aber infolge von Bebauung, Abzäunung oder Immissionsbelastung zu ungeeigneten Waldaußenrändern führen und ins Innere des Waldes verlagert werden sollten. Stufig geschlossene Ränder als Windschutz sollten mit offenen wechseln, wo sich schöne Durchblicke anbieten. Zur Bewertung liegen der Waldfunktionenkartierung bei der Naturraumausstattung vier Kriterien zugrunde:

- Klimatische Voraussetzungen (Reizklima . Schonklima)

- Geländevielfalt (Erhebungen , Relief)
- Waldverteilung (Landschaftsbild. Waldaußenränder)
- Waldgefüge (Waldränder, Altersunterschiede, Baumartenwechsel)

Der Waldaufbau ist dabei das verbindende Element, was maßgeblich diese Kriterien beeinflusst und selbst durch die Bestandesbehandlung gesteuert wird.

10.2 Waldbauliche Maßnahmen

Die Hiebs- und Pflegemaßnahmen sollten in der Zeit des geringsten Besucherverkehrs erfolgen, um Störungen zu vermeiden, das anfallende Reisig muss rasch geräumt werden und Spazier - sowie Waldwege müssen eventuell nach Einschlagsmaßnahmen instandgesetzt werden. Aus der Naturalplanung gehen die Flächen hervor, welche vorrangig für Aufforstungen zur Verfügung stehen könnten. Diese Flächen könnten zur Erweiterung des Kleinbestandsarboretums dienen, das verschiedene Kontinente (Asien, Nordamerika und Europa) repräsentieren soll.

10.2.1 Artenauswahl

Neben schon angesprochener Förderung der Familie der Rosaceae im Europateil sind im Nordamerikateil folgende Waldformationen denkbar:

a) <u>Eichen - Tulpenbaum - Mischwälder</u> (Sommergrüne Laubwälder / östl. Nordamerika)
   mit Arten wie Acer saccharum / Carya ovata / Castanea dentata / Fraxinus americana / Liriodendron tulipifera/ Magnolia acuminata / Nyssa sylvatica / Quercus rubra

b) <u>Buchen - Zuckerahorn - Wälder</u> (Sommergrüne Laubwälder / östl. Nordamerika)
   mit Arten wie Betula alleghaniensislutea

c) <u>Westliche Eichen - Hickory - Wälder</u>
   mit Arten wie Carya cordiformis / Carya glabra / Carya ovata / Quercus coccinea

d) <u>Ulmen - Silberahorn - Wälder</u> (Sommergrüne Auenwälder- und Gebüsch)
   mit Arten wie Acer negundo / Acer saccharinum / Celtis occidentalis / Gleditsia tricanthos / Quercus bicolor / Quercus palustris / Tilia americana / Ulmus americana / Ulmus thomasii

e) <u>Weymouthskiefern - Mischwälder</u> (Nadelgehölze des östlichen Nordamerika)
   mit Arten wie Pinus strobus / Pinus resinosa / Tsuga canadensis / Quercus alba / Quercus rubra / Betula papyrifera

f) <u>Sumpf- Zypressen - Tupelo - Wälder</u> (Supfwälder der Auenbereiche)
   mit Arten wie Taxodium distichum / Nyssa aquatica / Taxodium adscendens

g) <u>Borcale richten</u> - Tannenwälder (Boreale Nadelwälder Nordamerikas)
   mit Arten wie Betula papyrifera

h) <u>Nordwestliche hochmontane Tannenwälder</u> (Nadelwaldzonen des westl. Nordamerika)
   mit Arten wie Abies amabilis / Abies procera / Chamaecyparis nootkatensis / Tsuga
   mertensiana

i) <u>Kalifornische hochmontane Tannenwälder</u> (Nadelwaldzonen des westl. Nordamerika)
   mit Arten wie Abies concolor / Abies magnifica / Pinus jeffreyi

j) <u>Küsten - Mammut - Baum - Wälder</u> (Nordwest - pazifische - Coniferenwälder) mit
    Arten wie Pseudotsuga menziesii / Sequoia sempervirens

k) <u>Nordwestpazifische Feuchtkoniferenwälder</u>
    mit Arten wie Abies grandis / Pinus monticola / Thuja plicata / Picea sitchensis

1) <u>Kalifornische Gelbkiefern - Mischwälder</u> (Trocken - Koniferen - Gehölze des westl,
   Nordamerika) mit Arten wie Abies concolor var. lowiana / Pinus jeffreyi / Pinus ponderosa

m) <u>Nordwestliche Gelbkiefern - Wälder</u> (Trocken - Koniferen - Gehölze des westl.
   Nordamerikas) mit Arten wie Larix occidentalis

n) <u>Mammut - Baum -Wälder</u> (Trocken - Koniferen Gehölze in der Sierra Nevada) mit Arten
   wie Sequoiadendron giganteum

In dem Sinne einer Darstellung unterschiedlichster Waldgesellschaften können dem Besucher
des EWG naturnahe Waldformationen gezeigt werden, die den geschichtlich bedeutenden
Forstbotanischen Garten umso mehr als einen Standort für Forschung, Lehre und Erholung
überregional bedeutsam machen.

10.3 Erholungsschwerpunkte und Vorrangflächen

Das Vorhandensein von *Erholungseinrichtungen* und gleichzeitiger Frequentierung durch
viele Besucher machen Schwerpunkte in der Erholungsnutzung aus, die sich bisher im Norden
des EWG formierten. Der Tierpark und der Forstbotanische Garten sind derzeit die
Einrichtungen, die den meisten Zulauf haben. Besonders wichtig ist deshalb auch die
Entwicklung des südwestlichen Raumes bei Spechthausen, der einen zusätzlichen
Schwerpunkt bilden soll. In Spechthausen und am Tierpark sind Gastronomien vorhanden, die
in das Konzept EWG Eberswalder Schwärzetal mit eingebunden werden sollten. Sie können
als Orte dienen, an denen sich der Besucher über das Waldgebiet informieren kann und die

Räumlichkeiten könnten für Vorträge oder Treffpunkte für Exkursionen dienen. Ein Veranstaltungskalender ist mit allen Beteiligten jeden Monat zu erarbeiten.

Die für die Erholung geeigneten Flächen befinden sich aber auch besonders außerhalb dieser Schwerpunkte, wenn es um eine naturnahe Erholung geht. Eine *Geländevielfalt*, die sich durch Erhebungen und Senken auszeichnet, was auch als bewegtes Relief bezeichnet wird, ist besonders um den Schlangenpfuhl (Abteilungen 170 a1 /a2; 171 a3 / a4), den Herthateich (Abteilungen 413 a1 /a2; 174 a10) und beidseitig der Schwärze ausgebildet.

Die *Gewässer* als besonders attraktive Bereiche, gerade im Wechselspiel zu dem Wald sind am Zainhammerteich (415 a1), dem Hertateich (413 a1 / a2) und entlang des Herthafließ und der Schwärze zu finden. Der für die Erholungsnutzung gewünschte *Wechsel des Landschaftsbildes* ist wiederum entlang der Schwärze besonders groß, hervorzuheben ist zudem der Bereich um die Klingelbeutelwiese (174) und des Schlangenpfuhls in den Abteilungen 170/ 171. Ein bedeutender Wechsel im Landschaftsbild ist außerdem eine Anlage des Forstbotanischen Gartens, der Pappelgarten, welcher der aufgrund fehlender Bäume > 12 m fast wie eine Offenlandschaft wirkt. Nördlich der Abteilung 139 am nordöstlichen Rand von Spechthausen befindet sich ein großer Röhrichtkomplex, der einen weiten Blick über das Gelände ermöglicht. Die einem Biotopwechsel zugrunde liegende Vielfalt, die bei einem mosaikartigen Nebeneinander besonders groß sein kann zeichnet ein Landschaftsbild aus, das den Betrachter ständig neue Eindrücke sammeln lässt.

Der *Strukturreichtum*, der sich im Wald besonders durch gestufte Bestände äußert, ist ein für die Erholungsnutzung wichtiger Aspekt, dem in dieser Arbeit besondere Beachtung zukommen soll. Die für das Landschaftsempfinden wertvollen mehrstufigen Bestände müssen sich aber flächenmäßig ausgewogen darstellen, d.h. eine Gruppe von sehr hohen Bäumen darf nicht in einer größeren Fläche von kleineren Bäumen „verschwinden", so dass eine Abstufung nicht mehr wahrgenommen wird.

Auch im Hinblick auf eine weitere Entwicklung des EWG wurde die Aufnahme unter-abteilungsweise durchgeführt und hat sich vorerst nicht an infrastrukturelle Begebenheiten orientiert. Besonders strukturreiche Bestände befinden sich nach demnach in den Abteilungen 137a4/139a7/ 170 a2 / 171 a4 und 174 a5, a 10. Die diesen Höhenunterschieden innewohnenden Altersunterschiede sind in der Waldfunktionenkartierung wichtiges Kriterium bei der Beurteilung des Waldgefüges. Besondere Berücksichtigung sollte den alten Einzelbäumen oder Baumgruppen zu Teil werden, die für das Erleben im Wald von

Bedeutung sind. Altwaldstrukturen sind bei der Erholung suchenden Bevölkerung beliebte Landschaftsbilder, weshalb die Bewirtschaftung mit höheren Umtriebsaltern erfolgen muss. Folgende Baumgruppen im Bestand stehen bleiben :

210 jährige Gemeine Kiefer (1 ha)/Abteilung 137 a3

155 jährige Rotbuche (0,47 ha)/Abteilung 137 a3

115 jährige Douglasie (0,9 ha) / Abteilung 137 a4

120 jährige Douglasie (0,35) / Abteilung 137 a6

210 jährige Gemeine Kiefer (2,24 ha) / Abteilung 137 a9

110 jährige Gemeine Esche (0,3 ha) / Abteilung 137 a9

148 jährige Traubeneiche (0,2 ha) / Abteilung 139 a3

155 jährige Rotbuche (0,4 ha) / Abteilung 170 a2

210 jährige Gemeine Kiefer (1,4 ha) /Abteilung 170 a2

165 jährige Rotbuche (3,4 ha)/Abteilung 171 a4

195 jährige Rotbuche (1 ha) / Abteilung 172 a3

175 jährige Rotbuche (0,5 ha)/Abteilung 172 a5

206 jährige Gemeine Kiefer (0,31 ha) / Abteilung 172 a5

215 jährige Rotbuche (0.27 ha) / Abteilung 172 a5

112 jährige Hainbuche (0,15 ha) / Abteilung 174 alO

160 jährige Rotbuche (0,4 ha)/Abteilung 413 al

215 jährige Gemeine Kiefer (0,56 ha)/Abteilung 413 a2

155 jährige Rotbuche (0,6 ha) / Abteilung 415 a 1

162 jährige Rotbuche (1,29 ha) / Abteilung 415 a2

Durch die Ausweisung zum Erholungswald genießt das Gebiet einen besonderen Status. Mit der Erhaltung von großflächigen Beständen höheren Alters ist deshalb unbedingt Rechnung zu tragen, auch wenn sich wirtschaftliche Belange aufdrängen. Ein hoher Anteil an starken Bäumen oder Baumgruppen, der durch die vorher genannten Bäume in den Abteilungen gegeben wäre, kommt auch der Forderung nach höheren Umtriebsaltern gerecht, wie sie die ARBEITSGRUPPE LANDESPFLEGE fordert. Die Chance einen strukturreichen Wald mit alten „Baumriesen" vor den Toren der Stadt Eberswalde zu schaffen, sollte nicht unbeachtet bleiben.

Daran anzupassen ist die infrastrukturelle Erschließung und *öffentliche Erreichbarkeit* des Erholungswaldes. Die Häufigkeit der verkehrenden Busse ist aber mangelhaft auf der Strecke

Eberswalde - Spechthausen , auch sollte ein Fahrradverleih eröffnet werden , bei dem es möglich sein sollte, Fahrräder in Spechthausen, sowie am Tierpark zu entleihen und auch Standort wahlweise zurück geben zu können. Die Dichte und der Zustand des Fußgänger - und Radwegenetzes ist sehr unterschiedlich. Die Dichte kann als ausreichend betrachtet werden, zumal durch die Maßgaben des NSG Nonnenfließ- Schwärzetal eine weitere Zerschneidung der Landschaft auch nicht erwünscht ist.

Neben den *Haupterholungsschwerpunkten* wie Forstbotanischer Garten, Tierpark und der Gastronomie in Spechthausen sind Erholungseinrichtungen wie Bänke und Schutzhütten nur sporadisch im EWG vorhanden und durchweg in einem schlechten Zustand. Die Beschilderung der Wege ist unzureichend, nicht aussagekräftig in Bezug auf Länge der Route, Sehenswürdigkeiten und Landschaftskomponenten entlang der Wege, sowie Verlauf der Strecken mit den zu erwartenden Zielen und ihren Angeboten. Ein einheitliches Logo fehlt. Ein geologischer Lehrpfad ist im EWG vorhanden, die Beschilderung desselbigen ist teilweise beschädigt oder fehlend. Die Standorte der Gesteinsexponate sind über das Gebiet verteilt, so dass eine vergleichende Betrachtung der Gesteinsarten für den Besucher schwierig wird. Auch fehlen Angaben zu der Entstehungsgeschichte der Gesteine, die neben schon vorhandener Einordnung in das Erdzeitalter von Nöten ist. Ein hoher Pflegeaufwand ist notwendig um die Gesteinsunterschiede deutlich darzustellen, was beim derzeitigen Stand schwierig erscheint, Moose und Flechten auf den Steinen verfremden die Oberflächenstruktur. Über einen neuen Standort des von ENDTMANN begründeten Geologischen Lehrpfads sollte diskutiert werden.

Die Beschilderung an den Versuchsanbauten des Forstbotanischen Gartens ist teilweise nicht mehr vorhanden. Ein großes Defizit sind die fehlenden Angaben zu den Ursprungsregionen der gepflanzten Arten. Im Rahmen eines neu zu gestaltenden Lehrpfadsystems sollte diese in das Konzept der kontinentbezogenen Waldformation aufgenommen werden.

10.4 Pflege - und Entwicklungsmaßnahmen

Das Eberswalder Schwärzetal ist ein Naturraum, der durch das Nebeneinander von intensiver Nutzung (Tierpark) und Schutz der Landschaft (NSG Nonnenfließ-Schwärzetal) ein Konzept benötigt, die weiterhin stattfindende Erholungsnutzung so auszurichten, dass den Besucher des EWG einerseits zu den schon vorhandenen Einrichtungen ein Natur schonender und informativer Einblick in die Landschaft mit ihren Besonderheiten gewährt wird, anderseits die Schutzzonen gewahrt bleiben, um negative Effekte auf die Landschaftsteile zu vermeiden.

Die Belange des Naturschutzes mit den Landnutzungsformen in Einklang zu bringen, zeigt sich auch am Beispiel des EWG Eberswalder Schwärzetal als problematisch, denn es sind eben jene für die Erholungsnutzung reizvollen Flächen, die als Naturschutzgebiet ausgewiesen sind.

Auch die Nähe zur Bundesstraße 2 macht zudem im Straßenrandbereich eine Erholung unattraktiv, weshalb eine Verlagerung der Naherholungszone in das EWG-Kerngebiet sinnvoll erscheint. Als stark entwicklungsfähig ist der Bereich östlich des Pappelgartens (Abteilung 171 a2/3) anzusehen. Das am Versuchsgarten vorbeiführende „Zainhammergestell" kann besonders für aus nördlicher Richtung kommende Besucher zu lang und monoton erscheinen, allerdings erweisen sich die östlich des Weges liegenden Kiefernbestände als Emissionsschutzwald gegenüber der Bundesstraße. Der hohe Bestockungsgrad ist deshalb als positiv anzusehen, der Reinbestandscharakter sollte im Laufe von Waldumbaumaßnahmen zu einem Mischwald entwickelt werden, kurzfristig sind Heckenanpflanzung entlang der Bestandesgrenze eine Möglichkeit diesen Bereich aufzuwerten. Das Umfeld des *Pappelgartens* ist außerdem geeignet dem Geologischen Lehrpfad einen neuen Standort einzuräumen, weil zum einen der Pflegeaufwand geringer wäre und genug Platz vorhanden wäre, die Gesteine nebeneinander darzustellen. Der derzeit mit Robinien (Robinia pseudoacacia) bestockte Platz in der 172 a2 wäre ein guter Ort der Rast und Information, da es von hier möglich ist weitere Landschaftsteile zu erschließen, z.B. in Richtung Forstbotanischer Garten oder über das Schwärzetal zum Tierpark.

Die Landschaft um den *Schlangenpfuhl* ist aufgrund der Naturraumausstattung günstig für die Erholungsnutzung, unweit des Schlangenpfuhls liegt *Pfeils-Garten*, eine Anpflanzung verschiedener Gehölze durch den Eberswalder Forstwissenschaftler Leopold Pfeil, die als Keimzelle des heutigen Forstbotanischen Garten bezeichnet werden kann. Die Nähe eines Parkplatzes macht diesen Landschaftsteil zu einem leicht erreichbaren Erholungsziel, was aber aufgrund seines starken Reliefs entwickelt werden muss. Soll der Schlangenpfuhl Teil eines Rundweges sein, bzw. dem Besucher auch ein Blick von den Dünenaufwehungen auf den Schlangenpfuhl herab ermöglicht werden, dann ist es erforderlich , auch im Hinblick auf ältere Menschen, ein Geländer und Stufen anzubringen oder im Sinne der Barrierefreiheit das Gelände rollstuhlgerecht zu gestalten. Denn gerade im Winter oder nach starken Regenfällen sind die Hänge um den Schlangenpfuhl schwer bis gar nicht begehbar. Die baulichen

Maßnahmen können sich dabei an der Art und Weise orientieren, die im Bereich der *Herthaquelle* praktiziert worden ist.

Der im Naturschutzgebiet liegende *Zainhammerteich*, der früher einmal Bestandteil einer Parkanlage war, die auf SCHICKLER (1795) zurückgeht ist ein für die Erholungsnutzung wertvoller Bereich, der ein durch den Teich gegebenen Landschaftswandel darstellt, welcher besonders im Sommer Anziehungspunkt für Besucher ist. Die unmittelbare Nähe zum *Tierpark*, der angrenzende *Forellenhof*, welcher in das EWG-Konzept einer Direktvermarktung von regionalen Produkten aufgenommen werden sollte und die *Zainhammermühle* mit ihrem Potential an Kulturveranstaltungen (Ausstellungen, Vorträge , Workshops) sind Komponenten den Zainhammerteich in die Erholungsnutzung einzubinden. Der *Herthateich* mit *Herthafließ* und im Südosten liegender *Klingelbeutelwiese* ist ein für die Erholungsnutzung vorzüglicher Bereich, der aber durch seine Sensibilität und dem damit verbundenen Schutzstatus (NSG) einen ungelenkten Tourismus nicht zulässt. Dieser Komplex befindet sich südlich des Tierparks und wird auch besonders in den Sommermonaten stark frequentiert. Gezielte sachkundliche Führungen vom Tierpark ausgehend über Herthateich - Klingelbeutelwiese - Schwärzetal zum Zainhammerteich und Tierpark scheinen sehr geeignet. Die der Natürlichkeit der Herthaquelle gegenüber stehenden Anlagen des Tierparks sind Elemente, die auf das Natur empfinden störend wirken können. Es wird deshalb empfohlen, die Fassaden des Wirtschaftshofes (Tierpark), wie auch die des Forellenhofes am Zainhammerteich zu begrünen. Entlang des Zaunes in der 413 könnten Sträucher gepflanzt werden, was besonders für die Strecke gilt, die vom Herthateich, gerade in den Wintermonaten, eingesehen werden kann.

Als besonders problematisch stellt sich die Lage und Erreichbarkeit *Spechthausens* für den Besucher dar. Die vorhandene Landesstraße zwischen Tierpark und Spechthausen ist dermaßen mit Schlaglöchern marodiert, dass eine Erneuerung unbedingt notwendig ist. Neben der Ausbesserung oder Erneuerung der Fahrbahn sollten zusätzliche Randstreifen für Radfahrer und Fußgänger geschaffen werden. Die Fahrbahn sollte nach Verbesserung Geschwindigkeit mindernde Elemente aufweisen, die ein überhöhtes Tempo der Kraft-fahrzeuge verhindern. Die Möglichkeit entlang der Schwärze Spechthausen zu erreichen, hat derzeit noch den Nachteil, dass zum einen die Wegeführung in der Abteilung 139 zu nah an der Straße liegt und die Lärmemissionen deshalb im südlichen Teil des EWG als lästig empfunden werden könnten, zumal der Weg eine Ende an der Bundesstraße nimmt. Zum anderen ist die Wegführung in der 139 so schmal, uneben und im Winter zu vernässt, um ein entspannendes Spaziergehen zu ermöglichen. Radfahren wird hier gerade für ältere

Menschen unmöglich. Die Möglichkeit Spechthausen entlang der Abteilung 174 a1 an der Abbruchkante zum Schwärzetal und dem Röhrigkomplex nordöstlich der Gemeinde zu erreichen ist eine Alternative, erfordert aber auch hier eine Verbesserung des Wegenetzes. Die Wegeführung würde das NSG „streifen", so aber die Besonderheit des Gebietes darstellen, außerdem wäre mit diesem Weg das Konzept eines Rundwanderweges verwirklicht, das für die Nutzungsanforderungen an Wanderwegenetze (LAGS, 1996) von Vorteil ist. Spechthausen selbst, als gewachsene Arbeiterstadt, sollte sich zu einem Ort kulturhistorischer Betrachtung entwickeln. Das ehemalige Kasernengelände könnte Standort von Ausstellungsräumen und eines Informationszentrum sein. Mit dem als Einzeldenkmal aufgenommenen Grabstein der Familie *Ebarth* auf dem Friedhof der Gemeinde Spechthausen oder das Arbeiterwohnhaus in der Dorfstraße 40 / 41 sind kulturhistorische Elemente in der Gemeinde vorhanden. Doch auch die geschichtliche Entwicklung der Gemeinde, von der Gründung der Siedlung bei Niederlassung des Hammermeisters Specht (1709), über die Entwicklung einer Schneide - und Mahlmühle zur Errichtung einer bedeutenden Papiermanufaktur hat das Potential, den Ort zu einem beliebten Ausflugsziel werden zu lassen. Informationstafeln sind zusammen mit der Gemeinde zu entwickeln.

10.4.1 Informationstafeln

Bei der weiteren Behandlung und Anlage von Weg begleitenden Elementen sollten die Tafeln ein einheitliches Logo besitzen , welches die Stadt Eberswalde , das Amt Biesenthal, die Gemeinde Spechthausen , den Forstbotanischen Garten , den Tierpark, den Naturpark Barnim, das Amt für Forstwirtschaft und die Untere Naturschutzbehörde repräsentiert.

Mögliche Standorte und Inhalte des Anschauungsmaterials wären z.B.:

- Eiszeitliche Entstehung des Gebietes und Spuren der Eises (Schlangenpfuhl)
- Geschichte der Forstwirtschaft in Eberswalde (Pfeils Garten)
- Versuchsanbauten in unseren Wäldern / Hintergründe / Perspektiven (Pappelgarten)
- Gesteine als Zeitzeugen / Geologie (Pappelgarten)
- Quellen - Beginn eines langen Weges (Herthaquelle)
- Feuchtwiesen - Sonder Standorte in unseren Wäldern (Klingelbeutelwiese)
- Wassermühlen - Kulturelle Entwicklung (Zainhammermühle)
- Erlenbrüche - Geschützte Waldgesellschaften (413 b , an Brücke)
- Feuchtwiesen - Sonderstandorte in unseren Wäldern (Klingelbeutelwiese)

- Wassermühlen - Kulturelle Entwicklung (Zainhammermühle)
- Erlenbrüche - Geschützte Waldgesellschaften (413 b , an Brücke)
- Röhrichte - Rückzugsräume für besondere Arten (südlich der Trasse)
- Fließgewässersysteme (entlang des Weges östlich der Schwärze)
- Wo Spechte hausen / Kulturhistorie (Spechthausen)

Außerdem besteht die Möglichkeit Tafeln zu verschiedenen Waldformationen fremdländischer wie heimischer Art, auch im Hinblick auf die Versuchsanbauten des FBG, zu entwerfen. An den im Gebiet vorhandenen Profilgruben können kleine Informationstafeln über Bodenhorizontierung, Bodenart und dem Zusammenhang des Bodens mit der Vegetation dargestellt werden. Des Weiteren ist an den jeweiligen Parkplätzen eine Gesamtübersicht des EWG mit den unterschiedlichen Routen und ihren Zielen anzugeben. Wegweiser mit Streckenlänge und Verlauf müssen an allen wichtigen Kreuzungen angebracht werden. Es sei abschließend angemerkt, dass eine Vermittlung von Informationen nicht über Beschilderungen allein erfolgen sollte , vielmehr können sie eine Ergänzung zu den sachkundlich angeleiteten Führungen sein, die das Jahr über von Fachkräften (z.B. Naturwacht Barnim) angeboten werden sollten. In dem Fall ließe sich die Beschilderung so gering wie möglich halten.

10.4.2 Verkehrssicherungspflicht

Die für einen sicheren Besucherverkehr erforderlichen Eingriffe in die Baumschichten entlang von Verkehrswegen sind vorerst abgeschlossen. So stellen Randbäume entlang der B 2 oder der Landestraße zwischen Spechthausen und Tierpark Eberswalde keine momentane Gefahr dar. Die Maßnahmen sind in einem laufenden Prozess durchzuführen.

10.4.3 Waldmöbelierung

Nach Empfehlung des LAGS (1996) darf bei der Ausstattung eines Naturraums nicht der ursprüngliche Charakter einer Landschaft beeinträchtigt werden. Einer Ausstattung mit Papierkörben wird abgeraten, mit sonstigen Einrichtungen wie Schutzhütten ist sparsam umzugehen.

11. Schlußbetrachtung

Das Eberswalder Schwärzetal stellt einen komplexen und wertvollen Lebensraum dar, welcher durch seine Nähe zur Stadt Eberswalde ein Gegenpol zur Stadtlandschaft bietet, aber durch diese räumliche Anordnung auch einer Belastung ausgesetzt ist, die sich besonders im Fließgewässerbereich der Schwärze und des Herthafließes auf das kleinstmögliche Maß beschränken sollte. Das Vorhandensein des Naturschutzgebietes Nonnenfließ- Schwärzetal im Erholungswaldgebiet ist eine Maßgabe für Landnutzungsformen, die im Bezug zu Schutzgebieten stehen. Dementsprechend hat diese Arbeit den Naturschutzbelangen dort den Vorrang gelassen, wo die für Erholungsnutzung geeigneten Bereiche Teile von empfindlichen Biotopstrukturen sind. An anderen Stellen ist versucht worden, Kompromisse bei der Besucherlenkung zu finden, die dem Besucher die Schönheit und Besonderheit der Landschaft vermitteln können ohne dabei die Biogeozönose zu stören.

Die nun vorliegende Betrachtung des Eberswalder Schwärzetal als geschütztes Waldgebiet für Erholung soll weder den Anspruch auf Vollständigkeit noch Richtigkeit in allen Teilen der Behandlung erfüllen. Vielmehr wurde hier der Versuch unternommen, ein Positionspapier für das Erholungswaldgebiet zu erarbeiten, das als Diskussionsgrundlage für weitere Absprachen oder Vorhaben unter den beteiligten Institutionen dienen kann. Damit ist die Hoffnung verborgen, die Zusammenarbeit und den Austausch zwischen Landnutzern und Naturschützern ein wenig weitergebracht zu haben, um gemeinsam Folgendes zu entwickeln: Einer intakten, der Selbstregulierung befähigten Landschaft, die solche Freiräume zulässt, dass der schaffende Mensch in seiner Interaktion mit Boden, Wasser, Flora und Fauna wirken kann und noch unsere Kinder sich an der Vielfalt, Eigenart und Schönheit der Landschaft erfreuen und erbauen können.

12. Danksagung

Die Bereitschaft der betroffenen Institutionen mir Informationen zur Verfügung zu stellen, war für das Gelingen dieser Arbeit mitverantwortlich. Ich möchte mich deshalb beim Planungsamt der Stadt Eberswalde, dem Amt Biesenthal, dem Amt für Forstwirtschaft Eberswalde, dem Forstbotanischen Garten, dem Naturpark Barnim, dem Tierpark

Eberswalde, der Unteren Naturschutzbehörde und den Mitarbeitern der Lehroberförsterei Eberswalde bedanken. Mein besonderer Dank gilt Herrn Forstrat Eberhardt Luft, der mit Geduld und Verstand die Entstehung dieser Arbeit begleitet hat.

13. Quellenverzeichnis

Amt für Naturschutz Eberswalde : LSG Schwärzetal, Solitärarboretum des Forstbotanischen Garten, Faltblatt, 10 S. ,Futura GmbH Berlin

Ebenda: Landschaftsschutzgebiet Nonnenfließ, Faltblatt 10 S., Futura GmbH Berlin

Ebenda: Landschaftsschutzgebiet Unteres Schwärzetal, Faltblatt, 10 S., Futura GmbH Berlin

Arbeitsgruppe Kreistag (1988) : Landschaftspflegeplan des Landschaftsschutzgebietes Nonnenfließ - Schwärzetal, Eberswalde, 24 S. + Anlagen

Arbeitsgruppe Landespflege (1982): Waldfunktionenkartierung , München, 83 S. Sauerländers Verlag , Frankfurt am Main

Arbeitskreis Forstliche Landespflege (1994) : Waldlandschaftspflege , 153 S., ecomed Verlag, Landsberg

Brandenburgische Landgesellschaft mbH (1994) : Agrarstrukturelle Vorplanung, Biesenthal - Barnim , Teil 2, 65 S. ,Eberswalde

Brucker, A.P (1980): Die rechtlichen Auswirkungen des gestiegenen Erholungsbedürfnisses im Wald , 167 S., Leonberg

Büro für Freiraumgestaltung (1998) : Flächennutzungsplan 2010 / Spechthausen, Bernau, 44 S.

Burschel, P. u. J. Huss (1997) : Grundriss des Waldbaus, München / Freiburg , 487 S. /Paul - Parey Berlin

Deutsche Projekt Union (1997) : Landschaftsplan des Amtes Biesenthal, 179 S. + Anlagen, Eberswalde

Dürk, K.P (1965) : Die hygienischen Funktionen des Waldes, Freiburg , 204 S., MHS

Verlag Hannover

Elsasser , P (1996): Der Erholungswert des Waldes , Hamburg , 218 S., Sauerländer Verlag , Frankfurt am Main

Friedrich, M. (1997): Die Kosten und Aufwendungen zur Bereitstellung der Erholungsfunktion , Eberswalde , 38 S.

Gesellschaft für Managemententwicklung (1997): Tourismusanalyse u. Marketingkonzept für das Amt- Biesenthal ,318 S. + 8 Karten ,Berlin

Gilbert, O. (1994): Städtische Ökosysteme, London , 247 S., Neumann Verlag Radebeul

Guiard, A. (1998) : Darstellung der Wünsche u. Erwartungen der Waldbesucher an ein stadtnahes Erholungsgebiet, Habichtswald , 79 S.

Hessische Forstliche Versuchsanstalt : Sozialfunktion des Waldes , Hann. Münden , 12 S.

Hofmeister , H. u. G. Nottbohm (1995) : Ökologie der Wälder, Ludwigsburg , 100 S., Gustav - Fischer Verlag, Stuttgart

Jacsman, J. (1971) : Zur Planung von stadtnahen Erholungswäldern, Zürich ,220 S., Kopp - Tanner Söhne Verlag

LAGS (1996) : Pflege - und Entwicklungspläne , Band 3 Tourismus, Eberswalde, 115 S.

Landesumweltamt Brandenburg (1995) : Biotopkartierung Brandenburg , Potsdam , 128 S., Unze Verlagsgesellschaft
Ebenda (1997): Schwärze und Nonnenfließ / hydrolog. und flußbauliche Konzeption , Potsdam , 20 Seiten + Anlagen

Leibundgut, H . (1975) : Wirkungen des Waldes auf die Umwelt des Menschen , Zürich , 186 S., Eugen - Rentsch Verlag

Meierjürgen , U. (1994) : Freiraumerholung in Berlin , Freiburg , 259 S.

Mempel, A. (1995) : Planungs - und Nutzungskonzept für das Kleinbestandsarboretum Schwärzetal, Eberswalde , 52 S.

Planungsgesellschaft für Raumordnung und Ökologie (1996): Landschaftsrahmenplan Landkreis Barnim / Band 1 /Planung , 190 S., Berlin Band 2 / Grundlagen , 153 S. + Anlagen

Röhrig, E u. H.A. Gussone (1989): Waldbau , 2. Band , Göttingen , 314 S., Paul Parey Verlag Hamburg

Röhrig , E. u. N. Bartsch (1992) : Waldbau , 1. Band , Göttingen , 350 S., Paul Parey Verlag Hamburg

Rothmaler, W. (1994) : Exkursionsflora v. Deutschland , Band 3 , Jena , 753 S. Gustav - Fischer Verlag Jena
Rothmaler , W. (1996) : Exkursionsflora v. Deutschland , Band 2 , Jena, 639 S. Gustav - Fischer Verlag Jena

Runkel, P. (1997) : Baugesetzbuch 1998, Köln , 518 S., Bundesanzeiger Verlagsgesellschaft , Köln

Scamoni, A. (1954) : Naturlehrpfad Landschaftsschutzgebiet Nonnenfließ, 32 S., Eberswalde

Schick, A. (1991) : Erholungsraum Wald , Pädagogisches Zentrum des Landes Rheinland - Pfalz ,31 S., Kreuznach

Schima, J. u. P. Weiss (1992) : Wald u. Tourismus , Österreichischer Forstverein Wien , 54 S., Rema Print

Umweltrecht (1992) : Gesetze u. Verordnungen , München , 783 S., Becksche Buchdruckerei Nördlingen

Verein für Heimatkunde (1997): Eberswalder Jahrbuch , 232 S., Druckhaus Ew.

Wendt, K. : Projekt Landesaboretum / Überarbeitung der Naturalplanung Eberswalde , 10 S.,
Lehroberförsterei Eberswalde